奇妙

艺术与科学

建筑

- 跟随11位科普大咖
- 玩转科学与艺术，秀出跨界科学范儿

《知识就是力量》杂志社 编

科学普及出版社

·北 京·

目录 Contents

建筑风格中蕴含的科学密码

撰文／苗若玖

　　来到一个陌生的城市，我们往往会首先注意到它的建筑风格。中国古代建筑独特的屋顶，欧洲式建筑洗练的线条，阿拉伯（伊斯兰）建筑繁复的外墙装饰……所有这些分属于不同建筑风格的元素，塑造了一座座城市各自独特的"气场"。

　　甚至可以说，不同地域、不同时代的建筑风格，是一个个文明最显眼的"标签"，也映射出人类科技和文明进步的历程。

◎ 南京江宁织造府——中国传统的官府和园林建筑（摄影／苗若玖）

从"作庙翼翼"到"檐牙高啄"

"缩板以载，作庙翼翼。"这出自《诗经·大雅》中《緜》一诗，描述周代人建造宗庙的盛况。可见当年，传统的中国式建筑已颇具规模。

无论是故宫、颐和园那样雄伟的皇家建筑群，还是老北京恬静的四合院，抑或深山中的寺庙宫观和江南婉约的私家园林，都有着从3000多年前一路传承下来，让人一眼便可认出的"中国风"。杜牧在《阿房宫赋》里，对中国建筑风格极尽溢美之词："廊腰缦回，檐牙高啄；各抱地势，钩心斗角"，阿房宫的壮美跃然纸上。

事实上，中国传统建筑最鲜明的风格之一，或许就是兼顾实用和礼数的屋顶体系。据不同的屋顶式样，很容易了解房屋的大体用途，或它们（及其主人）在城市中的"等级"。独特的大屋顶设计，不仅笼盖了屋身，挑出较远的屋檐，也会对墙体、（木制）门窗和夯土台基起到一定的保护作用，同时也消除了大屋顶给人的压抑感。

四合院背后的管理科学

中国传统建筑中，除了标志性的大屋顶，还有令人印象深刻

⌂ 四合院为一家人创造了更多的交流机会

的瑰宝——北京四合院。它充分反映出元明两代建筑管理科学的成就。

四合院分内院和外院，只要关闭大门，路人就不能看到院内情况；即使有宾客来访，大多也只能停留在外院。于是，四合院最大限度地保证了居住者的私密空间。

对居住于四合院里的人来说，它的环境颇为宜居。在几乎没有公园，只有皇家园林的古代北京，

○ 四合院

四合院就如同一个个自给自足的"生活单元"，不仅满足了人们居住和饮食的需要，也满足了人们观看绿色植物和鸟、鱼等宠物放松心情的精神需求。

更重要的是，四合院内院的四面房门都开向院落，为居住的一家人创造了大量交流的机会，使几代人之间保持着浓厚的感情，也让北京城的氛围变得安详起来。

知识链接 "唐风"影响下的日本古建筑

日本列岛因盛产木材，日本人也喜欢建造通透轻盈而且工期较短的木构架房屋。

隋唐时期中国的建筑风格在中日交往中被日本引进，极大地改进了公元1世纪基本成型的日本传统木建筑风格，使日本建筑也采用中国式的梁柱结构，甚至也有斗拱；

但日本建筑同样有自身特色——极重视并擅长呈现材料、构造和功能性因素的天然丽质。

雪域高原上的建筑奇迹

青藏高原被称为"世界屋脊"，高海拔环境塑造了这里的建筑风格。

因天气寒冷，较缺乏采暖所需的燃料，为了拥有更好的光照条件，绝大部分传统的西藏建筑，都会采用南向建筑，且尽量避免

纵向尺寸大于横向的房屋设计，减小房屋进深（与房间的主采光面垂直方向的深度）。

藏族传统民居建筑通常不超过3层楼，彼此间尽量避免相互遮挡，以最大限度获取阳光。

出于保温的需要，传统西藏建筑的窗户尺寸都较小。窗户黑色的边框，民间传说取法自象征吉祥的牦牛头，但也因为黑色吸热而无形中增强了房屋的取暖能力。尽管环境艰难，西藏建筑仍形成了别具一格的美感。位于市区西北玛布日山上的布达拉宫，更是集宫殿、城堡和寺院于一体的建筑瑰宝。它也被认为是雪域高原上的建筑奇迹，成为拉萨乃至西藏的象征。

○ 布达拉宫

沙漠绿洲别样建筑风情

沙漠中星星点点的绿洲，同样孕育着适应该环境的文明。几千年来，不同文明在沙漠中谱写了种种建筑史的传奇：金字塔、亚历山大灯塔，还有后来居上的阿拉伯建筑。

伊斯兰教禁止崇拜偶像，因此传统的阿拉伯建筑，常会以复杂的几何分形图案、艺术字体和书本形状的设计元素来装饰。这样的设计思路，让阿拉伯建筑既令人着迷又引人深思，在庄重和变化间形成平衡。时至今日，仍能在西亚、北非和中亚的很多清真寺及一些地标建筑上，看到复杂而精致的几何图案装饰。

○ 中国新疆乌鲁木齐的国际大巴扎（它融合了阿拉伯、罗马、中亚等多种建筑风格）（摄影 / 苗若玖）

○ 中国宁夏回族自治区的中华回乡文化园内，能感受到浓郁的阿拉伯建筑风情（摄影／苗若玖）

知识链接　地窝堡机场

　　新疆首府乌鲁木齐的机场名叫"地窝堡国际机场"，而"地窝堡"这个名字，记录了这座沙漠城市的郊区曾有不少"地窝子"的历史。

　　所谓"地窝子"，是一种在沙漠化地区比较简陋的民居，其主体是一个深约一米的坑，四周用土坯或砖瓦垒起半米高的矮墙，房顶用草叶、泥巴和树枝等物混合构成。这种半地下式的原始建筑，却可以有效抵御沙漠附近常见的风沙，并且冬暖夏凉，只是通风条件比较差。如今，这样的居所在乌鲁木齐已经基本消失。

　　沙漠地区水源极为珍贵，这让人们喜爱郁郁葱葱、充满生命气息的园林。在建造园林时，阿拉伯人充分发挥科技手段，特别重视对水的运用和控制。封闭式的建筑群与特殊的节水灌溉系统相结合，在沙海里难得的绿洲之中，打造了由人造水体、凉亭和人工栽种植物组成的美丽花园，成为引人入胜的安逸所在。

砖石建筑营造欧式浪漫

　　从南欧的雅典和罗马，到西欧的巴黎和巴塞罗那，许许多多的欧洲城市，都洋溢着"浪漫"

○巴黎蒙马特高地的圣心大教堂虽然是19世纪的建筑，但有着属于10世纪的罗马建筑风格（摄影／苗若玖）

○巴黎蒙马特高地的圣心大教堂内景（摄影／苗若玖）

的气场。前往这些城市的游客们，往往会为城市中古老而华丽的砖石建筑而倾倒。

　　欧洲建筑的历史，可追溯到古希腊时代。从那时起，欧洲大型建筑就开启了使用砖石建构的定例。古希腊人的审美观，让建筑外观简洁大方，有极具冲击力的明快线条。而古希腊人的数学成就，也影响到建筑的设计与建造。

　　古罗马人继承了古希腊人的建筑设计思路，并在其基础上加以改进，创造出立柱同拱券的组合，让建筑结构拥有更好的承重能力。位于意大利罗马市中心的万神殿，以及分布在西欧各地的剧场和引水渠遗迹，都宣示着这项创新的生命力。

　　在哥特式建筑兴盛的时代，彩色玻璃被大量引入，成为兼具艺术和实用的装饰物。12 ~ 13

中的"极致奢华",建筑师运用当时前沿的光学理论，在厅内长廊的一侧，是 17 扇朝花园而开的巨大拱形窗门；另一侧则是由 483 块镜片镶嵌而成的 17 面落地镜。这些镜子与拱形窗门一一对应，把窗门外的蓝天、景物完全映照出来。同时，厅内 3 排挂烛上的 32 座多支烛台，以及 8 座可插 150 支蜡烛的高烛台所点燃的蜡烛，也经镜面反射，形成约 3000 烛光（物理单位）的亮度，把整个大厅映照得金碧辉煌。即使在今天，镜厅也仍是凡尔赛宫最为闪耀的瑰宝。

○ 巴黎圣母院是典型的哥特式建筑，玫瑰窗和彩色玻璃画是其亮点（摄影 / 苗若玖）

世纪修建的巴黎圣母院，作为欧洲早期哥特式建筑的代表作，精致的彩色玻璃"玫瑰窗"不仅代表着当年的建筑师对用光的探索，也因其华美而成为教堂的重要"标签"。

巴黎郊外的凡尔赛宫，它的标志性房间"镜厅"。在那个远未发明电灯的时代，为了皇家舞会会场兼顾容量和亮度，为了满足法国"太阳王"路易十四心目

拓荒与探险，木屋做前哨

世界上还有一些建筑，它们看似平淡无奇，却最为质朴实用，那就是在人们探险、拓荒时提供贴心帮助的木屋。

如欧亚大陆和北美洲北部，位于北极圈以北的居民点比比皆是，有一些甚至发展为相当规模的城市。极地的严苛环境，要求这些城市的建筑必须既能保暖，又能抵御风雪的侵蚀，这使不易导热又能适应剧烈温差变化的木材，成为早期很多极地建筑的首选材料。

位于北纬69度，被誉为"北极之门"的挪威特罗姆瑟，拥有100多年历史的木造建筑比比皆是。地球上最接近北极的城市，北纬77度的挪威朗伊尔城，也拥有大量的木屋。

这些外表朴拙的木屋，极适合极地的环境。为避免人类活动过多影响永久冻土层，人们会在地上挖洞，在洞中嵌入未经过加工的木桩，将水灌进去，再将混凝土支柱连在木桩上。这样的地基设计，使建筑物的地板与冻土层隔离，不会因建筑物取暖融化冻土而导致沉降。

○ 在挪威特罗姆瑟北面的岛屿上，沿着海岸公路分布着众多的木屋（摄影／苗若玖）

有"特异功能"的高科技建筑

撰文／九笙

　　提起建筑，大家的第一反应都是人类的住所，随着现代科技的不断进步，建筑早已不仅仅是普通意义下的"居住的建筑"。如今我们的社会面临严峻的资源环境问题，试想如果建筑自身能够产生能量，如果建筑能够呼吸，如果建筑能够像雨后的春笋般短时间生成，甚至如果建筑能够孕育生命，能够除霾，那将多么神奇！其实很多建筑师和科技工作者都在进行这方面的尝试，今天就让我们一起走进这些无所不能的"智能建筑"吧！

○ 迪拜垂直村

能够"吸热"的建筑

通常情况下，住宅在建成之后，人们要在其中生活，必须保证持续不断的能量供给，然而有些住宅却不需要。2015 年，美国加利福尼亚大学戴维斯分校设计出一套"可持续零能耗"住宅——农校溶胶住宅，别看它个头不大，却拥有一套独立的"自给自足"的能量传递体系，不需要外界为其供给能量。它的供暖是由屋顶的太阳能光伏供电板提供，然后传递给电热水器来实现。地板的混凝土垫层能够减少加热和冷却的需求，维持室内温度的恒定。

如果一个小住宅可以实现"自给自足"，那么一个村落呢？答案当然是肯定的，迪拜垂直村就是一个答案。迪拜位于沙漠，以其充足的日照而著名。由格拉夫特建筑设计事务所设计的垂直村落便充分利用了这种优势。绵延

不断、参差错落的太阳能板位于建筑的表面，且能自动旋转，它们通过调整与太阳之间的夹角，能够让日照时间最大化，就像一座"富有生命"的钢结构向日葵！此外，大家是否注意到它参差错落的布局？没错，这座"向日葵"为了不让室内过于炎热，通过自身的形体控制，使人类活动区域的室内温度即使在太阳直射的条件下，也不至于太高，换句话说，钢筋向日葵能够通过自己的"枝叶"，挡住不必要的伤害，比真实的植物还要聪明呢！

能够"净水"的建筑

　　10 年前，如果你说建筑本身能够成为一座"淡水工厂"，净化雨水或者海水，供生活在其中的人们使用，没有人会相信。然而今天，它已经实现了！由西班牙建筑师设计的泡泡形大厦，正如其名字"淡水工厂"一样，能够将海水净化为淡水供人们使用。

　　这个神奇的过程是通过它自身的一系列"红树林"净化泡泡来实现的。首先，它会把海水收

○ 雨水收集大厦（供图／九生）

○ 迪拜垂直村（供图／九生）

集并储存在圆形温室中，通过潮汐能将海水运送到高处的循环系统中，然后通过红树林装置吸收海水中的盐分并析出淡水，在蒸发、回凝后就能被人类所使用啦！请记住，它的供水来源是海水，地球表面大约 70.8％ 的面积都被海水覆盖着，如果全球都建起这种建筑，地球人可能再也不用担心用水紧张的问题了！当然这种建筑的选址还是有一定局限性的。

既然海水可以被我们所利用，那么雨水呢？答案是肯定的。由两位波兰波兹南建筑美术学院学生设计的雨水收集大厦，通过外部酷似网袋的水槽网以及位于屋顶的"巨碗"收集雨水。"巨碗"里种植了芦苇，是天然的植物净水"设备"。当收集到的雨水流经大厦内部过滤净化处理设备后，就可以用来冲厕所、清洗地板，或用于洗衣、灌溉植物等，多余的则储存到大厦的蓄水设备中。

大家在惊叹于它们强大的功能时，是否有被它们独特的造型所吸引呢？在这些新建的能够"供水"的建筑中，不得不提RAFAA建筑设计事务所为2016年巴西里约热内卢奥运会设计的"太阳能城市塔"。这座建筑白天能够利用太阳能发电，夜间则利用抽蓄水系统发电，从而保证全天候的能源供给。当然，最大的亮点是它的造型，是否让你联想到一句熟悉的古诗，正所谓"飞流直下三千尺，疑是银河落九天"啊！

○巴黎小岛上的"太阳能城市塔"（供图/九年）

○ 米兰垂直森林（供图／九生）

能够"孕育生命"的建筑

通常意义下的城市建筑，都是钢铁巨人，没有生机。然而近几年，随着生态环保理念的普及和建筑科技的迅猛发展，建筑也能够"孕育生命"了！

位于意大利米兰的垂直森林摩天大楼，便是其中的一个代表。该项目由两个高度分别为 80 米和 112 米的摩天大楼组成，通过在每层种植完整的树木，其绿化总面积相当于 1 公顷（1 万平方米）的森林，从而创造了 4 万平方米的生态栖居区，是名副其实的"城市森林"。

能够"快速生长"的建筑

如果一座摩天大楼能够在半个月之内从无到有，你会相信吗？我国的远大可建科技有限公司15天建成了30层塔式建筑——T30A塔式酒店，总建筑面积达到了1.7万平方米，可谓是定义了新一代的"中国速度"！

平地起高楼，那么它在安全性上会打折扣吗？其实不必担心，这座大楼采用了全模块化建造技术，所有的墙体、门窗、电器等均是预先在工厂制作完毕，现场只需吊装、衔接、固定即可。更令人惊奇的是，这座摩天大楼竟能经受9度抗震测试，该数据高于我国大部分地区抗震设防标准的12倍。

除了模块化建造方式，近几年快速发展的3D打印建筑是"速生"建筑的另一主要成员。3D打印是一种以数字模型文件为基础，把特定的材料按照逐层打印的方式构成物体的技术。

小到人造器官，大到建筑，只要所用材料具有一定的可粘连性，都可以"打印"出来，且速度极快。2015年1月18日，苏州工业园区内就出现了一栋面积约1100平方米的3层别墅，仅仅需要三天就可"打印"完成。最近，在第14届中国国际住宅产业博览会上，一栋精致两层小别墅，又创造了最快打印速度，从无到有仅仅花了3个小时！据工作人员介绍，房子的模块之间用钢结构连接，比用传统方式

○ T30A塔式酒店

○苏州工业园区内的3D打印建筑

建造的房子还要稳固，且整个施工过程不需要使用水泥、沙土，干净方便，就连下雨、低温也一样能够施工，让人啧啧称奇！

能够"除霾"的建筑

"雾霾"近几年成为我们生活中出镜率颇高的环境问题

○3D打印别墅（供图/九笔）

关键词，可是到目前为止，一直也没有出现一个很好的解决方法。试想如果建筑可以除霾，是否能让人们远离雾霾的困扰呢？近日，一位荷兰的设计师给出了他的答案。

不要看这座小型的"真空吸尘塔"个头不大，但是每小时能够净化3万立方米的空气，它利用离子技术的净化装置，捕捉空气中的PM2.5颗粒，再用静电场将其分离，从而释放

○ 真空吸尘塔（供图／九笙）

○ 用真空吸尘塔的废料制作的"宝石"戒指
（供图／九笙）

出干净清新的空气。

更有意思的是，每净化1000立方米的空气，该系统便能利用废料制作一个压缩而成的"宝石"戒指，看起来十分精致有趣！

撷取自然之美的仿生学建筑

撰文／哈立德

从自然界的动植物身上，人类汲取了诸多建筑设计的灵感。"师法自然"的设计思路，让许多新奇美观又不失实用性的建筑物得以诞生。

现代仿生学建立之后，建筑科技也得益于仿生学的发展，向着更坚固、更节能、更有效利用资源的方向演进，让建筑物更具"自然家园"的属性。

○米拉之家（摄影／临立德）

"直线属于人类，曲线属于上帝"

尽管"仿生学"的概念直到 1960 年方才出现，但建筑师模仿自然界的生物进行设计，却可以追溯到 19 世纪末，甚至更为久远。堪称西班牙最伟大建筑师的安东尼·高迪，便是将"模仿生物结构进行建筑物设计"发展为一种理念的关键人物，他是这种理念的"孤独的先行者"。

巴塞罗那市区的巴特罗之家和米拉之家，就鲜明地反映

知识链接　米拉之家

米拉之家的外观取法于在海中随波逐流的水母，充满了飘逸的气质；而建筑的内部，则有些像蛇的巢穴。如果从空中俯瞰，它又像是个超大号的甜甜圈，中庭尽管形状不规则，却让所有的房间都能够双面采光，充分利用了巴塞罗那充足的阳光。

出高迪"避免直线"的风格。正如他自己所言："直线属于人类，曲线属于上帝"，因此，他认为最深刻的理念和最深沉的感情，应该用曲线来表达。

米拉之家是高迪充分运用仿生学方面的知识，设计的号称"无一处直角"的独特建筑物。

○仰视米拉之家（摄影/哈立德）

○ 圣家族大教堂的钟塔设计模仿了植物的维管束结构（摄影 / 哈立德）

◎建筑大师安东尼·高迪

生物结构成为灵感"宝库"

1926 年，高迪死于交通事故，留下了远未完工的圣家族大教堂。这座教堂，如今成为巴塞罗那的地标式建筑，那些模仿植物茎秆结构设计的钟塔，成了令后人景仰与铭记的丰碑。

不久之后，在 1936—1939年，以"有机建筑论"闻名的美国建筑大师弗兰克·赖特完

○ 弗兰克·赖特

成了约翰逊制蜡公司总部办公楼的设计。

第二次世界大战结束后，随着生命科学研究的深入，仿生学终于独立成为一门科学，其发展也一日千里。

悉尼歌剧院是一座典型的仿生学建筑。它的设计者、丹麦建筑师约恩·乌松在晚年回忆说，歌剧院基座上酷似白帆或者贝壳的结构，其原型是他吃橙子时剥下的橙皮。

○ 远眺悉尼歌剧院

　　歌剧院的主体结构，就由 3 组这样的壳片组成。

　　1958 年，悉尼歌剧院开工，但建造这种异形壳体在当时却是几乎无解的难题。直到 1961 年左右，施工团队采取浇筑空心球再分割出壳体的方法，终于在精度和经济性两方面达成平衡。

　　1973 年 10 月 20 日，悉尼歌剧院竣工启用，旋即成为 20 世纪极具特色的建筑之一。

　　到了 21 世纪，仿生学建筑愈加受到建筑师的热捧。在很多时候，以仿生学的思路设计建筑外观，被认为是赋予建筑物感情的一种直接方式。

○腓力王子科技馆

在西班牙巴伦西亚，"艺术科学城"是这个国家现代化的象征。而在建筑群中的腓力王子科技馆，其外观结构的原型，便是被剔净鱼肉的鱼骨，这样的设计不仅令人着迷，而且体现出巴伦西亚作为港口和曾经大力发展水产养殖业的地域特色。

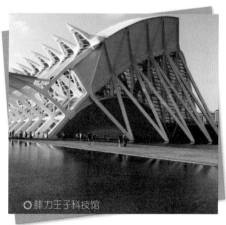

○腓力王子科技馆

中国著名的海滨旅游城市大连和青岛，不少建筑物也模仿了海洋动物的外表进行设计。

大连星海广场的贝壳博物馆新馆，不仅外观酷似贝壳，内部展厅也模仿螺壳的结构进行布置，让观众在参观过程中"螺旋上升"，思路不至于中断。

在青岛，近年来新建成的影视产业园展示中心、国际会展中心和游泳跳水馆，在外观上分别模仿了螺、海星和贝壳的模样，在城市中营造出浓郁的"海味"。

未来的青岛新国际机场，其俯视结构也酷似海星，并且与水母状的地面交通枢纽融合在一起，这样的设计一方面可以提供大量停机位，充分满足国内外旅客前往青岛的交通需求；另一方面能让所有旅客都不必走太远便可换乘地面交通；同时还能让人一下飞机就感受到青岛扑面而来的海洋文化，实乃一举多得。

○ 大连贝壳博物馆新馆（摄影 / 哈立德）

○日本建筑大师丹下健三

"内外兼修"的仿生建筑

随着仿生学建筑推陈出新，一些建筑师开始不满足于从外观上模仿，开始从深度发掘这些生物结构背后的科学价值，让建筑物仿生"内外兼修"。

日本建筑大师丹下健三的名作——代代木国立综合体育

馆，便是这种尝试的先行者，采用当时非常先进的弧形薄壳屋面，这种模仿鸡蛋壳和贝壳设计的结构，既轻巧又坚固。

体育馆配馆的设计令人称奇：它的薄壳结构屋面围绕建筑正中的一根桅杆螺旋布置，俯瞰如一只蜗牛或海螺。这种既实用又能发挥材料最大性能且兼具未来感的设计，让世人看到一个呼之欲出的日本形象，也被视为日本现代建筑发展的里程碑。

"师法自然"将成未来趋势

从"仿生学"的概念被创造出来直到今天，生命科学的进步有目共睹，21世纪更被

○ 代代木国立综合体育馆

○日本山梨文化会馆

认为是生命科学的世纪。人们越来越意识到，大自然的造物之功，很多时候会超越最为精良的机械和建筑。因此，随着"师法自然"的设计理念的深入人心，许多新奇、美观又兼具实用、高效的建筑物得以涌现。一些对仿生学有着深刻理解的建筑师，甚至会将建筑物想象为一种独特的生命体，并尝试设计其"新陈代谢"的动线。

丹下健三在设计日本山梨文化会馆时，就尝试以模仿植物维管束的方式来规划建筑结构和动线。维管束是植物养料的运输通道，将楼梯、电梯、洗手间、空调等基础设施都"装"进圆筒状的"维管束"里，为这些支柱附加以额外的功能性；而各个楼层则如同抽屉，按照实用楼层和屋顶花园交替的顺序，架设在这些"维管束"之间。这样的设计既为用户创造了良好的办公环境，又为日后的增筑预留了空间。

会呼吸的建筑

撰文／吴旭阳

　　当你穿梭于城市的钢筋混凝土森林中间时，你可能会留意一类独特的建筑，它们不仅拥有与生物相仿的优美外形，而且还像自然界的生物一样"呼吸"着，它们大大缩短了人与自然之间的距离，无时无刻不唤起人们对于自然的向往和生命的渴望，它们就是"仿生建筑"。

永远追随太阳的"向日葵"

"向日葵"住宅设计草图

　　建筑师罗尔夫·迪斯所设计的"向日葵"住宅，位于弗莱堡的"建筑森林"中，它是一座典型的"功能式仿生建筑"。"向日葵"高14米，主结构为木质，房屋的主体部分建造在一个深入地下的木质

"茎"上，随着"茎秆"向上延伸，成为整个住宅中心贯通上下4层的旋转楼梯，保证整

个"向日葵"不向两边倾倒。

○建筑师罗尔夫·迪斯和他设计的"向日葵"住宅模型

众所周知，向日葵从发芽到花盘盛开这一段时间，其叶子和花盘会一直追随着太阳，以获得最充足的阳光，这座建筑正如向日葵一样，也能够随时跟踪太阳的位置进行旋转。房屋的旋转是根据太阳在天空中的位置，白天在东，黄昏在西，且太阳落山以后，控制程序会让房屋自动恢复初始位

○ 底部的转盘

大的太阳能与热能。

此外，向日葵旋转的动力全部来自于自身的"光合作用"，即屋顶的太阳能光电板和小型的太阳能电动机，因此十分节能。更为神奇的是，由于该建筑拥有像向日葵一样的向光性，加上其外表面安装了大量的太阳能光电板，它每天生产的电能远远大于旋转所消耗的，于是住户便将多余的电

置，使位于屋顶的太阳能电池板以最大日照角度对准太阳。建筑物四周的太阳能集热器也能面对直射的阳光，以获取最

○ "向日葵"住宅的主结构为木质

○ "向日葵"住宅

○ "向日葵"住宅内部

能存入社区电网，冬天或者阴天时再取用，剩余的电能还能卖入电网赚钱。

○ 周围植物的影子穿过玻璃透到室内

"向日葵"住宅中还拥有众多"葵花籽"，比如客厅电灯、浴室加热器等，它们的能量都来自于屋顶的太阳能光电板。阳光下，"向日葵"就像璀璨的宝石一样闪闪发光，周围植物的影子穿过玻璃透到室内，光影纵横，仿佛置身于树荫之下；黑夜里，"葵花籽"们熠熠生辉，五彩斑斓，十分动人。

自由绽放的"城市仙人掌"

这座形如仙人掌的建筑是位于荷兰鹿特丹的一个住宅工程，是典型的"结构式仿生建筑"。为了在19层的空间内分布98个居住单元，且最大限度地保证每个单元能够尽可能向阳，建筑师让相邻两层的居住单元相互不重叠，并为每个住户提供大面积的室外阳台。这也形成了错落有

○ "城市仙人掌"全景

○ "城市仙人掌"住宅位于荷兰鹿特丹

○ "城市仙人掌" 的户外阳台

致的建筑外表面，犹如仙人掌的凸起一样，因此也获得了"城市仙人掌"的美誉。

这座"城市仙人掌"大面积的户外阳台是它们吸收、储存能量的"凸起"和"刺"，因为住户们将各种花卉、植物种植在自己的阳台上，整个建筑就像一座小型的"光合作用工厂"，能够吸收城市中的有害气体和二氧化碳，并且释放新鲜的氧气，缓解城市的"热岛效应"，为住户提供清新、优雅的居住环境。

○ "城市仙人掌" 住宅仰视图

风中呼吸的"马蹄莲"

这座建筑是武汉新能源研究院的主楼，是我国自主设计并建造的优秀绿色节能建筑，是"复合式仿生建筑"的代表。整座大楼像一朵迎风盛开的马蹄莲花朵，主楼是"花梗"，裙楼是"叶"，顶层是"花"。我们知道，叶子作为植物光合作用的主要器官，需要尽可能地增大受阳光照射的面积，因此裙楼的形体均为南北面的长度较长，东西较窄。五座裙楼分别和主楼相连，保证距离塔楼的距离最短。

花梗是马蹄莲的中轴部分，除了是结构主体，还作为整株植物的主要能量传送带，可以将水分、养分及时地在根、花、果实之间运输。塔楼作为整支"马蹄莲"的花梗，在其底部设有集热棚，利用温室效应加热空气，将热量通过中心烟囱的内部气流，源源不断输送给整座建筑。此外，塔楼主体的外表面并不平整，像折过的纸张一样，这样能够保证经过气流的最大化，从而最大限度地利用风能。而且，为了提高顶部风力发电机组的效率，"花"被设计成双弧形截面，将风速提高到环境风速的 4 倍之多。

建筑中的数学之美

撰文／陈泳全

　　数学起源于人类的生活和生产活动，而建筑活动是人类生存的基本活动之一。

　　大约 1 万年前，当人类走出洞穴，开始建造原始的房屋，形成定居生活模式时，数学就以一种生存的直觉伴随着人类前进的脚步。人类用手指、双脚和步幅来计数和测量，用观察和触摸来感知、描绘自然世界的形状，用模仿和抽象创造人类的建筑世界。

希腊哲学家毕达哥拉斯认为"万物皆数"，并将自然纳入人类的理性思考范畴。

在建筑发展中，数学是建筑结构、力学的基础，以投影几何为基础的画法几何和阴影透视的运用，是近代建筑学产生的催化剂；概率和统计则是建筑学进行社会调查研究的重要工具……建筑中无时无刻不蕴含着数学的抽象、理性和精确。

数学的精确性与大胆的幻想结合起来就是美。数学在建筑中的应用不仅蕴含着理性，还呈现出人类对数学之美的感性体验。

人类对几何图形的认识主要源于对自然几何形态的感知

与模仿，如太阳、月亮、植物茎干、果实、山川等，由此产生了圆、圆柱、三角等几何图形。对重力的体验，对水平和垂直的观察体悟，又创造出自然界几乎找不到的几何形态——矩形、立方体。无论是模仿还是创造，几何形态成为人类进行建筑实践的基础，也是人类对美的感知与表现。

4500 年前，古埃及人建造的建筑史上的奇迹——胡夫金字塔，既是工程学的巨大成就，也表现出古埃及几何学的辉煌。希腊建筑中，也到处能看到基本几何形的运用。

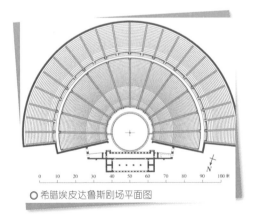

○希腊埃皮达鲁斯剧场平面图

罗马人则继承了希腊人在几何方面的成就，并进一步发扬创新。

罗马人则是在城市的平地上修建如椭圆形的罗马斗兽场。罗马人通过对混凝土、石头砌筑技术的掌握，结合希腊人的几

何成就，扩展出拱券结构、穹顶结构等技术，进一步实现对几何形态的塑造。如罗马万神庙的穹顶直径为 43 米，穹顶最高点距地面约为 43 米，内部空间接近一个纯粹的球体，它将罗马工程师的力量与希腊的审美形式天衣无缝地结合在一起。

◎ 罗马斗兽场

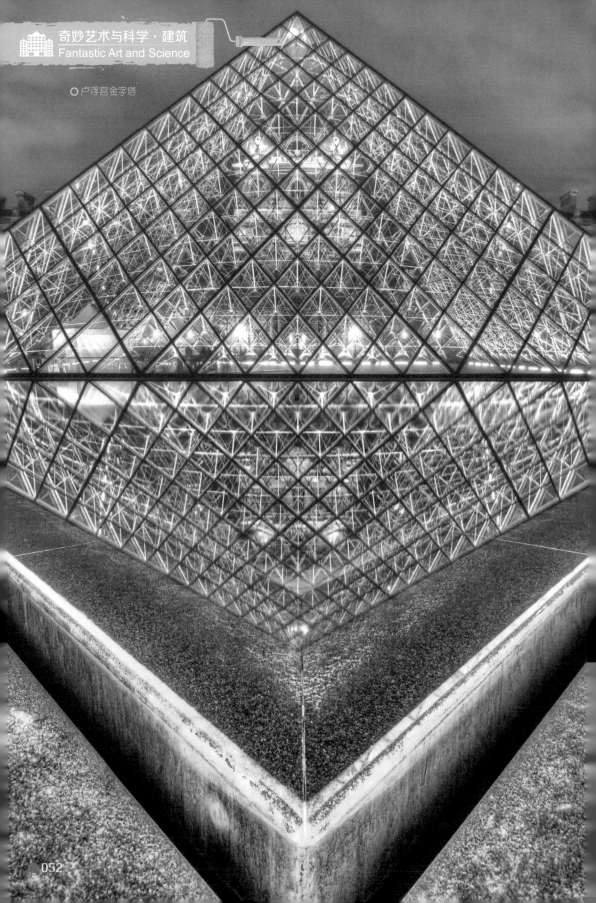

现代建筑的发展与古典建筑相比，更注重功能性，摒弃繁复的装饰，追随简洁纯粹之美，因此，简洁纯粹的几何形体成为现代建筑师创作的基本手段。

如现代建筑萨伏伊别墅，这是一个完美的功能主义作品，简单到几乎没有任何多余装饰的程度，纯粹的几何形体开拓了又一个新的审美时代。而建筑大师贝聿铭在卢浮宫改扩建的设计中，借用古埃及的金字塔造型，并采用了玻璃与金属材料，简洁纯粹的几何形体不仅折射出现代艺术的光辉，同时与古老的宫殿形成

了功能与形式上的完美结合。

数列之美

希腊建筑的美在很大程度上取决于尺度和比例。勒·柯布西耶曾这样说："帕提农给我们带来确实的真理和高度数学规律的感受。"

古希腊人通过详细观察自然界中的种种事物，发现凡是美的物体在形式上都具有和谐的比例关系。例如，简单地说就是部分与部分、部分与整体之间的数学

◯ 使用黄金分割比率的帕提农神庙

（倍数）关系，这种认识影响了整个西方建筑的发展。

这种数学关系在数学中，被称为数列，即是把数字按一定的规则加以排列，如著名的斐波那契数列（1，1，2，3，5，8，13，21，34，55，89……）：任意一项是其前两项之和，且相邻两项之比逐渐接近黄金分割。

公元前3世纪，古希腊数学家欧几里德撰写的《几何原本》，系统论述了黄金分割，成为最早的有关黄金分割的论著。中世纪后，黄金分割被披上"神秘的外衣"，德国天文学家开普勒称之为"神圣分割"，到了19世纪，黄金分割这一名称逐渐通行。黄金分割具有严格的比例性、艺术性、和谐性，蕴藏着丰富的美学价值。

对称是自然界很重要的一种现象，同样也是一个重要的数学概念。它是一种特殊的比例关系，在空间和形式上能够表现出一种庄重、稳定、平衡的美。在各国建筑发展的历程中，我们都能看到建筑师们对于比例关系的不懈追求，也因此，这些建筑常常呈现出平衡、和谐、秩序的美感。

希腊建筑在希腊数学逻辑化、几何化、理念化的特征影响下，强调形和比例，注重立面和单体造型。而古代中国的数学更倾向于以问题为中心的算法体系，在建筑上体现的是对数的强调，注重构件、剖面

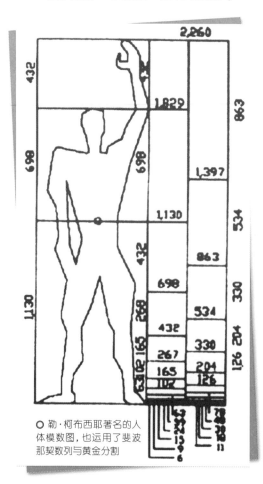

○ 勒·柯布西耶著名的人体模数图，也运用了斐波那契数列与黄金分割

○ 中轴对称的故宫

和群体组合。

中国古建筑的所有构件之间都有一种模数关系，"材"就是宋代建筑上的模数。可以说，模数是中国传统建筑数学之美的内在体现。

复杂之美

机器时代传统科学倾向于强调稳定、有序、均匀和平衡，最关心封闭系统和线性关系；而新的科学更关心现实世界无序、不稳定、多样性、不平衡、非线性以及瞬时性的复杂关系。

科学对复杂性的探索，导致数学越出传统的概念和对象。数学的发展不仅提供了新的发现和新的论断，更重要的是表达了新的思维方法、新的认识论和新的世界观，在建筑领域中影响了一批建筑师，产生了新的、更多元的审美趋向。

美国建筑大师弗兰克·盖里经常采取拼贴、混杂、并置、错位、模糊边界、去中心化、非等级化、无向度性等手段，挑战人们既定的建筑价值观。

○ 哈萨克斯坦新国家图书馆方案

○毕尔巴鄂古根海姆博物馆

他的设计风格颠覆了几乎全部经典建筑美学原则。其设计的西班牙毕尔巴鄂古根海姆博物馆，整个建筑由一群外覆钛合金板的不规则双曲面体量组合而成，其形式超出了传统几何形态及手段所能描述的范畴，必须在计算机辅助设计软件、计算机辅助制造系统、3D 打印等手段的帮助下才能得以实现。其建成后，出乎意料地受到人们的追捧，也证明着数学的复杂性形成了一种新的审美观。

著名女建筑师扎哈·哈迪德曾在黎巴嫩就读过数学系，良好的数学素养，使她能够大胆利用空间，追求自由、精确、流畅的几何形态。

她将一种自由、非线性、动态的形体控制转化为一种独

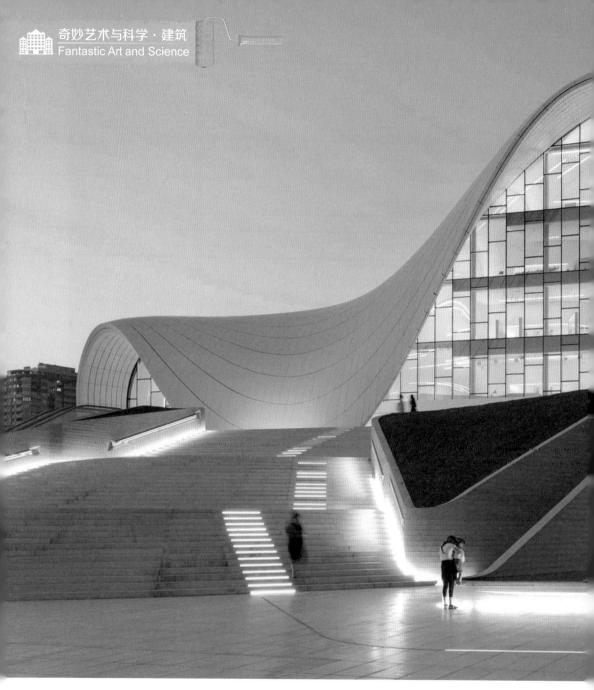

特的审美风格。如她设计的盖达尔·阿利耶夫文化中心，在形式上精心设计的起伏、分叉、折叠还有自由的形态，使广场的表面变成一个多功能的景观建筑。建筑四周的广场与建筑的室内空间之间，建立了一种连续而流动的关系。建筑

○阿塞拜疆共和国盖达尔·阿利耶夫文化中心

形态模糊了建筑的边界，将复杂的非线性数学关系消隐在建筑之中，却留下了非凡的美感体验。

拓扑学是新数学的一个方向，它研究几何图形和空间在一对一的双向连续变换下不变的性质，即拓扑性质。

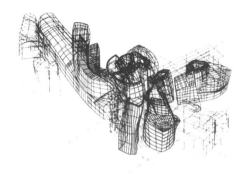

拓扑突破了传统几何形态中对尺寸、角度和比例的确定性。德国数学家莫比乌斯将一个长方形纸条的一端固定，另一端扭转半周后，把两端黏合在一起，得到的曲面就是无限连续的莫比乌斯圈（Möbius Strip）。在哈萨克斯坦新国家图书馆的方案竞赛中，丹麦BIG事务所的设计作品取得了第一名。他们的设计是将穿越空间与时间的四个世界性经典造型——圆形、环形、拱形和圆顶形——以莫比乌斯圈的形式融合在了一起。BIG事务所设计的2010年世博会丹麦馆，同样采用的是莫比乌斯圈的理念，这座建筑连续的表面即是人们参观的连续界面，功能与空间完美结合。

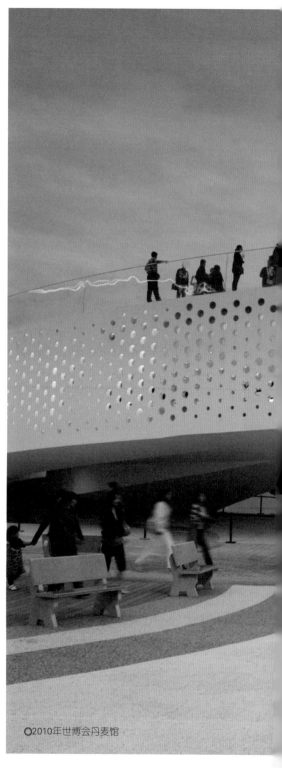

○2010年世博会丹麦馆

Mercedes-Benz Mu

建筑设计中的莫比乌斯环

撰文／吴旭阳

在 1985 年巴黎举办的一次数学论文比赛中，来自德国的数学家莫比乌斯带来了一样东西，即一张扭转 180 度后将两头再黏贴起来的圆环。这个纸环拥有一个奇异的现象，即一只蚂蚁可以爬遍纸面却不用跨越纸张边缘，这个纸环日后对数学、历史、哲学、艺术等广泛领域产生了深远的影响，建筑也不例外，这就是神秘的莫比乌斯环。

奇妙的现象都会在它身上发生。

如果你沿着纸环的中心线画线，从任意一个中心线上的点开始，你会惊奇地发现笔迹会一直沿着纸面移动，不会跨越纸的边缘，直至回到最初的位置为止，而且原来纸条的正反两面的中心线都会留下印记。除此之外，如果你拿剪刀沿着画好的中心线剪开，你不会得到"正常"的两个纸带，而是得到了一个"扭曲"更厉害的大环，且扭曲两次。如果重复此动作多次，你便会发现每次都是由一个大环变成两个嵌套在一起的小环，且环环相扣。

受莫比乌斯环的启发，建筑学家创造出了神秘的莫比乌斯空间。莫比乌斯空间将室内空间和室外空间糅和，使其之间的界限更加模糊却又浑然一体。

○ 德国数学家莫比乌斯

神秘的莫比乌斯环

莫比乌斯环在很长一段时间里是"神秘"的代名词，有很多

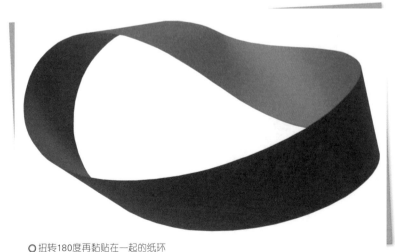

○ 扭转180度再黏贴在一起的纸环

早期最具代表性的莫比乌斯住宅

这座莫比乌斯住宅的业主是两个独立的SOHO族，他们在拥有各自的工作空间的同时，又希望能够有公共的空间供他们一起休息，想要寻求一种既独立又统一的新的生活方式。建筑师通过莫比乌斯环，很好地解决了这个问题。这座建筑的两端的一层和二层分别是男女主人独立的工作休息空间，在门厅和一端有两个楼梯，就像是莫比乌斯环转折的地方，用来将两个人的独立生活空间都和公共客厅联系在一起。

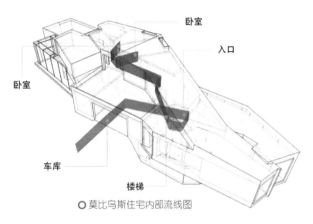

卧室

入口

卧室

车库

楼梯

○莫比乌斯住宅内部流线图

○莫比乌斯住宅外观

莫比乌斯环的立体化延伸

如果我们仔细回味莫比乌斯环的生成过程，我们便会发现，其中有两个要素是可以改变的：一是纸带，我们可以将其替换为各种形体，比如棱柱；

○梅赛德斯奔驰博物馆外观，内部坡道系统3个莫比乌斯环盘旋而上，犹如我们日常所吃的麻花一样，只不过更加扁平

二是扭转次数，如果大于一次，沿中线剪开得到的也是不一样的结果。莫比乌斯住宅是按照最基本的方法建造，利用纸带元素并且仅仅扭转一次，而马上要介绍的 UN Studio 设计的梅赛德斯奔驰博物馆，则是莫比乌斯环的一次立体化延伸。

○ 梅赛德斯奔驰博物馆内部

　　建筑师在莫比乌斯环的启发之下，将纸带替换为三棱柱，然后以3个三棱柱为基础形体，进行扭转，然后两两黏结在交会处，并且使黏结点位于3个高度上，便形成了三面连通的室内空间和造型，浑然一体。由于是通过棱柱变换的，圆形的大空间围绕中间的类似三角形的中厅盘旋而上，且交替占据一层和两层高的空间，最终形成六对展览空间。

最像莫比乌斯环的建筑
——韩国济州岛高端住宅

◎韩国济州岛高端住宅

近些年来，随着技术的不断完善，莫比乌斯住宅系列也发展得更为成熟，韩国济州岛的高端住宅，便是集精致、高相似度、优雅于一身的代表。这座建筑将屋顶、墙、地板三个概念融入一片连续的曲面中，就像是莫比乌斯环的纸带一样。建筑内部拥有画廊、起居室、卧室等使用空间，深处森林保护区中，营造出舒适、自然的氛围。

除了建筑，很多艺术品、雕塑均曾以莫比乌斯带为基本原型，甚至音乐家都将其融入到音乐创作中去。如果说存在着不同次元的另一个平行世界，莫比乌斯环也许正是连接我们和他们世界的桥梁。

◎艺术家会将莫比乌斯环融入到艺术作品中

巧夺天工的建筑力学

撰文／吴旭阳

有人说，建筑史既是一部结构进化史，又是一部力学发展史，虽然略有偏颇，却也印证了一点，建筑力学和结构扮演着重要角色。

原始社会，人类就出现了穴居、巢居等基本的居住方式，通过选择天然的山洞、树木的枝叶搭建活动的巢穴，这便是最早的一体化传导建筑力学的模型。

国外渐渐出现了以石材为主的梁柱结构，中国则多以木构为主，最为著名的要数我国发明的斗拱体系；此外，古希腊、古罗马还衍生出了多种特有的结构，包括桁架体系、拱券体系等，创造了圆屋顶、拱廊、飞扶壁等多种力学传导模式。

到了近现代，随着钢筋混凝土材料的兴起，新的建筑力学结构如"钢筋－混凝土结构"、膜结构等应运而生，诞生了以摩天大楼为代表性建筑的新型建筑形式；此外，一些建筑师还尝试以模块化的结构单元，通过拼接、组装等方式聚合重复，从而形成新型的一体化建筑结构体系。

自然之力，原始的小屋雏形

"原始小屋"是对原始社会人类居所的统称，代表最早的人类居住形式。早在旧石器时代，人类没有掌握先进的建造技术，因此山洞是他们最合适的选择，为了防范野兽或者飘雨，人类用树枝等物品在洞口堆积进行遮挡，这便是最早的"穴居"形式了。

在南方湿热地区，为了躲避蚊虫、湿气，诞生了与"穴居"对应的结构方式——巢居。

○ 巢居示意图（供图／吴旭阳）

不论是穴居还是巢居，其结构形式都较为简单，是人类凭借自己的经验和已有的技术，象形地复制自然界中存在的住所形式，其结构和功能并没有明确的界限。随着生产力的进一步提高，人类逐渐拥有了自我建造的能力，也慢慢学会了自己创造"半穴"式的处所。人类这些早期居住方式的雏形，也为之后的梁柱等建筑结构发展指明了方向。

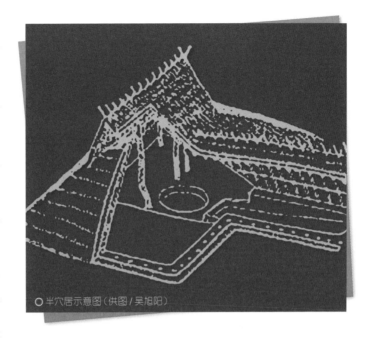

○ 半穴居示意图（供图／吴旭阳）

梁柱体系：巧用力的传导与支撑

在原始社会的房屋中，早就埋下了梁柱体系的影子，简而言之，就是力作用于水平横向梁，梁将力传递给竖向传递构件"柱"，再由"柱"传导给大地。在整个力的传导过程中，梁柱的交接点还会承受多方向的"牵引力"，这些促使我国古代建筑师创造性地发明了"斗拱"体系。

最早的"梁柱体系"结构可以追溯到新石器时代的英国埃夫伯里巨石遗址，即闻名世界的"巨石阵"，它建于公元前2300年左右。该巨石阵的基本结构即由两块巨大的方体岩石垂直于地面，再在其上支撑起相同体量的横向岩石，犹如一道"石门"。

古希腊形成了严谨的三套基本柱式，即多立克柱式、爱奥尼柱式和科林斯柱式。多立克柱式象征男性威武的身躯，爱奥尼柱式象征女性婀娜的体态。

罗马斗兽场，作为柱式系统集大成的杰作，气势恢宏。它外立面的围墙共分四层，每层均高 10 米以上，前三层均有柱式装饰，依次为多立克柱式、爱奥尼柱式、科林斯柱式，就像是一排排"士兵""贵妇""官爵"，不禁使人脑海中重现当时斗兽场的恢宏与壮观，耳畔重新响起震人心魄的呐喊！

○ 罗马斗兽场的柱式（供图 / 吴旭阳）

斗拱体系：中国建筑师的智慧结晶

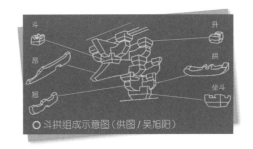

○ 斗拱组成示意图（供图/吴旭阳）

与西方建筑多用石材不同，中国古代建筑以木材为主，形成了适应各种气候条件的木结构系统，包括抬梁、穿斗和井干三种不同结构。

其中，抬梁式结构适用范围最广，这种木构架沿着房屋的进深方向在石础上立柱，柱上架梁，再在梁上重叠数层相对较细的梁和其他木构件，最终形成完整的木结构体系。

这些木结构就如同鱼骨一

○ 英国巨石阵（供图/吴旭阳）

样，作为房屋的主体受力体系，屋顶、墙壁等其他构件以此为基础，与之产生关系，最终一起形成房屋的基本形制。

在构架的节点上，中国古代建筑界最著名的发明——斗拱应运而生。

所谓斗拱，即在方形座斗上用若干方形小斗与若干弓形的拱层叠装配而成，用于支撑上层梁和外檐的重量，出檐深度越大，斗拱层数越多。需要补充的是，后来斗拱渐渐成为不同阶层的代表，作为范式而使用，不同朝代因礼制等级的不同，也延伸出万千的斗拱样式。

拱券和飞扶壁：砖石建筑的最爱

拱券，作为建筑力学大家庭的重要一员，因为其纯压缩的受力特性，经常用于砖石类建筑，其衍生结构体系有很多，例如拱顶、拱廊、圆屋顶、飞扶壁等。

拱顶最简单的形式是通过拉伸或者旋转平面上半圆形的拱而形成，前者形成具有一定

○ 斗拱体系展示（摄影／马之恒）

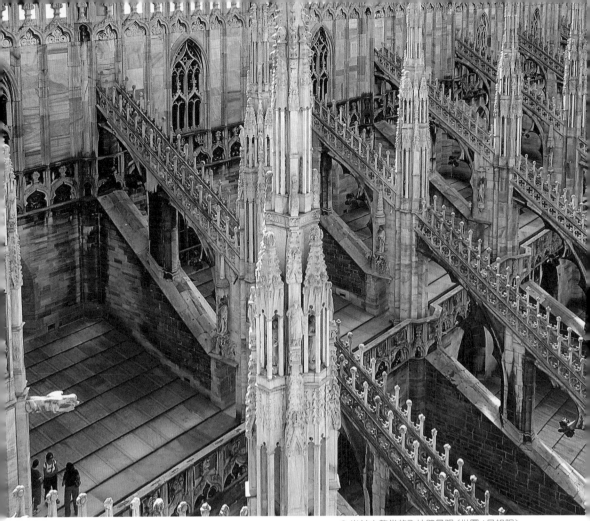

○ 米兰大教堂的飞扶壁景观（供图 / 吴旭阳）

高度的筒形拱顶，后者则形成气势磅礴的圆屋顶。

圆屋顶又称穹顶，万神庙代表了古罗马穹顶艺术的精粹。万神庙平面为圆形，大厅内部无柱，顶部中央开了一个直径8.9米的圆洞，任天光自由倾泻而下。

交叉拱顶，是由两个直径一样的半圆形拱顶交叉而成，随之衍生出一系列极富表现力的拱顶，如尖拱、帆拱等，在哥特式建筑中尤为常见。

此外，我们发现当吸管被掰弯时会产生一股为了复原而向两侧的推力，拱券也不例外。为了抵抗此推力，哥特式建筑采用了在外部增加飞扶壁的方式，同时也大大增加了建筑的表现力，甚为壮观。

现代结构：钢筋与混凝土的搭配

通过实验发现，"钢筋－混凝土结构"是迄今为止人类发明的最佳建筑结构材料。

最初的钢筋混凝土结构，往往是相互垂直连接的正交结构体系。但是随着建筑师对材料性质认识的加深，异形钢筋混凝土结构的建筑如雨后春笋般蓬勃发展起来。

其中，最具代表性的包括法国柯布西耶设计的朗香教堂的自由墙面和屋顶、上海龙美术馆西岸馆的伞形混凝土结构、罗马小体育宫的 Y 形混凝土支撑以及印度昌迪加尔法院的翻

○ 朗香教堂

卷混凝土屋顶等。

依托科技发展的新型建筑体系

　　解决建筑中力的传导问题也成为建筑师们大胆创新的领域。由此，诞生了很多突破性的新型

建筑体系。此外，由于不同的结构拥有不同的力的传导方式，使得适应该结构的建筑造型各不相同。其中最为特殊且最富表现力的结构，我认为是悬索结构。卡拉特拉瓦的密尔沃基美术馆的主体结构是两个桅杆，由桅杆伸出无数条悬索拉住主体的建筑部分，犹如一只展开双翅的雄鹰，

○ 卡拉特拉瓦的密尔沃基美术馆（供图／吴旭阳）

随时准备一飞冲天。这种设计为建筑赋予诗意般的结构美和运动感。

随着科技的飞速发展，一系列新型建筑结构应运而生。笔者相信在不久的将来，建筑一定会围绕"力学"产生更多的突破和惊喜，涌现出更多别具一格的建筑形态，成为每个人生活中不可或缺的一抹亮色。

看穿福建土楼
的超级本领

撰文／康火南

　　福建土楼是世界上独一无二的大型民居形式，被称为中国传统民居的瑰宝。2008 年，在加拿大魁北克城举行的第 32 届世界遗产大会上，福建土楼被正式列入《世界遗产名录》。日本琉球大学的福岛骏介先生曾把土楼称为"利用特殊的材料和绝妙的方法建起的大厦"。那么，福建土楼到底"绝妙"在何处？今天，就让我们一起来看穿福建土楼的超级本领！

福建土楼，又名福建客家土楼，主要分布在福建省漳州市的南靖、华安，龙岩市永定等地。土楼以土、木、石、竹为主要建筑材料，利用未经焙烧的砂质黏土和黏质沙土按一定比例拌和，再用夹墙板夯筑。下面我们将以"东歪西斜"但却200多年不倒的裕昌楼和抗震防风防火的"圆土楼之王"二宜楼为例，领略福建土楼蕴藏着的高超建筑技艺。

"东歪西斜"圆土楼为何 200 多年不倒

位于福建省漳州市南靖县

的裕昌楼，已有200多年历史，楼高五层，直径50多米，每层有54间房。此楼从外形看，没有什么异样，但从楼内看，却像一座危楼，东歪西斜，令人担心！

裕昌楼最奇特的地方在于，主楼楼间的支柱多是倾斜的，但三层以上的梁、楹、柱都从左向右倾斜，那斜梁的歪也带来了不规则门框、不对称窗户，好像要存心破坏建筑常有的严谨构图方式似的。或左或右，或前或后，相依相靠，相接相连，于是当地人称之为"斜楼"，"东歪西斜"的叫法一点也不为过。

当游客登上三楼，手扶墙壁小心翼翼地走在通廊里，廊身微微跳动，楼板吱吱作响，通廊颠簸得紧，除靠墙的柱子是直的，靠天井的梁柱歪歪斜斜极不规则，窗户也不对称，整座楼有摇摇欲坠的感觉。人们不由得屏声敛息，胆战心惊，两腿发软，忐忑不安，小心小步移动，生怕一眨眼间楼房就倒塌了。还有的游客"哎唷、哎唷"连声大叫，楼没有倒，自己却摔了一跤，趴在走廊不敢往前了。

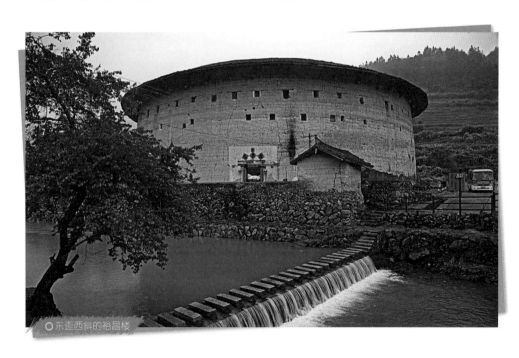

○东歪西斜的裕昌楼

　　虽然关于"危楼"不倒的许多传说都很精彩，但究竟是什么支撑着"危楼"不倒呢？原来秘密就在木作的构件默契上，这种默契度绝不是一般的木工匠的技术可以造就的！楼里回廊的所有柱梁，一层和二层都没有倾斜，而从三楼开始才出现朝不同方向有分寸而又恰到好处地倾斜，倾斜的方向或左或右，每根柱梁所倾斜的角度大小也各不相同，最大为15度左右，到了五层又相应地倾斜回来，柱梁倾斜的角度相对一样。

　　圆土楼的木作部分，木料多为杉木，传统的木建筑工艺主要是凿卯眼和加工榫头，正常情况下卯眼和榫头都是正的，而裕昌楼的三层以上的木作凿卯和加工榫头却有一定的倾斜度，三层、四层所有的卯眼一律向左倾斜，四层的倾斜度要相对小一点；五层的卯眼向右倾斜，倾斜度要比三层大一些。根据重心垂直的原理，支撑点不受影响，因此所有柱子的承载力不受破坏。

圆土楼之王——二宜楼

二宜楼位于福建省漳州市华安县，它是我国圆土楼古民居的杰出代表，享有"土楼之王"的美誉。

建筑专家黄汉民认为，土楼外形做成圆的更能均匀地传递水平地震力。高度相同、墙厚相同的圆楼与方楼相比，如果圆的直径与方的边长相等，圆楼比方楼有更强的抗震性能，这就是闽西南一带多建圆楼的奥秘。此外，沿海多台风和山风，圆楼无角，遇到强风时容易分流，对风的阻力显然也要比方楼小。几百年前，我们的先民就已充分掌握并运用了力学原理，以达到建筑物抗震防台风的目的。

二宜楼笔直挺拔的高墙坚实雄伟，固若金汤。它的平面

○二宜楼内景

直径达 73.4 米，台基用块石和花岗岩条石砌成，露出地面部分有 2 米多高，地下部分还有两三米，所有石块棱角都朝内，圆滑平整的一侧朝外，巨石千砌，极为坚固。石基上夯筑着生土墙，底层墙厚 2.53 米（厚度居福建土楼之冠）。二楼起生土墙到顶，对外密封不畅。

二宜楼的坚固还得益于一个特殊的保证——土墙原料，即以未经烧制的黏土，再加石灰、红糖水、糯米浆搅拌混合而成的"三合土"。研究人员认为，有些物质经组合配对，就会出现质的飞跃，"三合土"就是其中的典型代表。先民们把泥土、石灰、红糖、糯米浆混合，夯实，并特地在墙中心放入几根竹片或杉木枝条作为"墙筋"（作用与现代建筑中的"钢筋"类似），浑然一体、坚不可摧的生土墙就这样诞生了。

福建土楼是世界上独一无二的山区大型夯土民居建筑，也是创造性的生土建筑艺术杰作。福建土楼依山就势，布局合理，自成体系，具有取材容易、节约、坚固、防御性强等特点，是兼具实用性、安全性与艺术美感的生土建筑类型。

○二宜楼的传声洞

传声洞
Sound Transmission Hole

建筑用光学问多

撰文／王梓

"鸟巢"与"水立方"的采光高招

坐落在北京的国家体育场

"鸟巢"，有着世界上最大的透明顶棚结构，由 884 块半透明的 ETFE 膜组成，铺设面积将近 4 万平方米。当自然光透过这层膜结构时，会发生漫反射，使得观

○ 水立方的气枕结构

众席上的采光变得均匀、柔和。

　　国家游泳中心"水立方"，其方正的外形上布满了淡蓝色、半透明的气枕结构。"水立方"采用了 ETFE 膜作为气枕结构的材料，为场馆带来更多自然光。不同的是，"鸟巢"采用了单层膜结构，而"水立方"外墙上是双层气枕膜结构，它的设计灵感取材于细胞的排列形式和肥皂泡的天然结构，这种设计使自然光能经过足够的漫反射，令场馆内的采光更加柔和自然；又可以隔绝热量，让"水立方"在酷热的夏天保持凉爽的室内环境。

人工照明的广泛运用

水立方的创意不仅在于气泡般的外形，还在于它在夜晚的绚烂色彩。夜幕中的"水立方"通体散发着深沉水蓝的魅力。而成就这美丽"夜幕丽人"的，正是LED景观照明工程。

"水立方"的顶面加立面，一共装有上百万根LED发光二极管，可以显示超过1600万种颜色，这甚至超过了大部分的液晶显示屏。"水立方"墙体上的

每个"泡泡"里都装有数十个LED灯，通过这些灯的颜色变化组合成各种图案，造就了一个流光溢彩的建筑魔方。

LED作为一种新型光源，有着寿命长、能耗低、亮度高等优点，广泛应用于建筑景观照明，并已融入我们的日常生活。

玻璃幕墙抵御强光照射

迪拜塔的魅力不仅在于它的高度，还因它是沙漠中傲视

○ LED广告屏

○迪拜塔

群芳的现代繁华。超过10万平方米的玻璃幕墙，让迪拜塔在沙漠阳光下熠熠生辉。然而，它的玻璃幕墙是如何经受住沙漠阳光重重考验的？

原来，迪拜塔的玻璃幕墙具有防辐射性。它的玻璃幕墙分成外表面和内表面，各涂有特殊的涂层。外表面涂有一层薄薄的金属，其作用是反射每天太阳直接照射到建筑物表面的光线，如同"防晒乳液"的作用一般。金属涂层可以抵挡可见光和紫外线的辐射，但挡不住火热沙漠中沙粒辐射的红外线。因此，它的玻璃内表面有一层薄银用来阻挡红外线的热辐射。在两层玻璃之间，还有一层空气层用来隔热。因此，迪拜塔光鲜的玻璃幕墙，就这样把沙漠过多的辐射和热量拒之门外了。

不可不防的光污染

高层建筑的玻璃幕墙外表新奇美观，既可反射太阳辐射，又有良好的保暖隔热性能。但是玻璃幕墙的过度使用却带来了光污染。有时候，一些强光束甚至直冲云霄，使得夜晚如同白天一样，被称为"人工白昼"。

光污染与其他环境污染一样，会对人类产生危害，影响

人们正常的工作和生活，还会产生生态破坏。如，鸟类的迁徙容易被人工光所干扰，它们在夜间靠星星来识别方向，城市的照明光却常令它们迷失方向。据统计表明，每年约400万只候鸟因撞上高楼的广告灯而死去。

海龟也容易受光污染影响，刚破壳的小海龟会根据月亮和星星在水中的倒影而游向水中，但由于地面光远远亮于月亮和星星，小海龟会误把陆地当海洋，最终因缺水而丧命。

○ 人工白昼

城市倒影
——解密当代地下交通枢纽

撰文／吴旭阳

　　城市是人才和资源的聚集地，随着大城市的人口密度越来越大，各种城市功能盘根错节，尤其在部分区域土地更是寸土寸金，可是土地资源是有限的，这种矛盾如何解决？提高土地的利用率是首要问题，这不，开发城市地下交通的解决方案就逐渐映入人们的眼帘。

　　近几年，"大城市病"的字眼经常出现在各大新闻报道中。我国人口的快速增长，引发了一系列链式反应，包括住房紧张、资源枯竭、环境恶化等严重问题，而交通拥堵更是困扰着人们。诚然，人们为了解决这个问题，也做了很多尝试，有的提倡功能分区，有的借助于高架桥，还有一类，就是向地下探索，提高土地的利用率。

　　相比于向高空发展，开发地下空间占用的地面资源更少。这不，北京CBD核心区正在筹建地下多层交通体系，它将集地铁、停车、商业、休闲于一体。今天，不如就和笔者一起，去探寻地下交通体系的奥秘和神奇吧！

城市空间向地下延伸

从 1863 年，英国伦敦建成了世界上第一条地下铁道到如今，世界范围内对地下空间的开发利用，均已达到了较高水平。日本是地下空间开发极为成功的国家，最值得一提的是日本首都东京，以 0.6% 的国土面积承载了全国 9.4% 的人口，人口密度相当于该国平

○ 高耸入云的摩天大楼（摄影/@爱摄影的磊哥 拍摄地点：上海中心大厦）

均水平的 16 倍。漫步在东京街头，除了银座、六本木等少数商业中心周边，普通的街道上几乎都没有太多行人，而这些，都归功于其强大的地下轨道交通系统。

○ 法国阿尔勒地下遗迹（供图／吴旭阳）

○ 东京地铁（供图/吴旭阳）

东京地铁网络的布设

东京是亚洲最早有地铁的城市，早在 1927 年 12 月，就开通了银座至浅草寺的路段。此外，

东京地铁交通网十分密集，可以毫不夸张地说，人们在东京步行五分钟，就能找到一个地铁口。这些地铁站中，最小的单站停靠点占地在 150~300 平方米之间，单点大站和一部分小型零售商业

达到十几万平方米之多，包含有生活、娱乐、教育等各类功能。

那么，是什么将这么多的地铁站组织起来的呢？答案是地下良好的换乘机制。目前，东京地铁存在的换乘形式可以形象地归类为四种，首先是垂直分层换乘；第二种是基于第一种形式的衍生品，即两站之间的垂直联系放大成为一栋建筑、一个广场，甚至是一座桥；第三种是针对平层换

○东京地铁站（供图 / 吴旭阳）

结合的站点占地 2 万 ~3 万平方米，大型的以区域性地铁站换乘为主的站点和城市地下空间无缝衔接。当然，其核心作用除了交通疏导之外，还着眼于与城市居民生活行为产生互动，占地可以

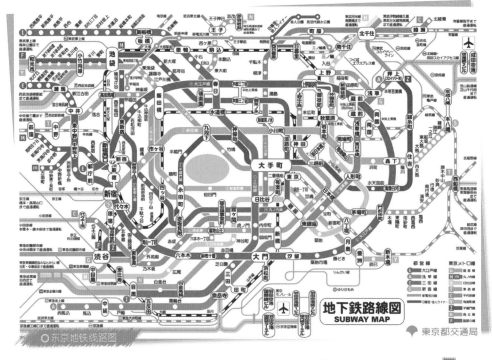

○ 东京地铁线路图

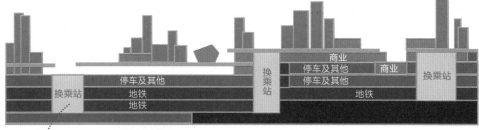

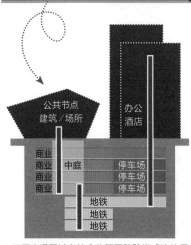

○ 地下交通和城市结合的第四种阶梯式连接示意图
（制图／吴旭阳）

乘的情况，即不需要上下楼的换乘；第四种是最复杂的一种情况，适用于很多小站聚集在一点的情况，简言之是前三种换乘方式的综合，一般与之相生的是地下商业街、地下庭院、广场等大的人流节点，防止人流过于集中而带来潜在的危险。

地下交通承载更多功能

在我国，地下系统最发达的城市还要数北京。北京是我国最先建造地铁的城市，迄今为止，已建设有17条运营线路、270座运营车站，其中最有代表性的地下交通综合体为西直门交通枢纽。该项目总建筑面积为6.3万平方米，这样一个庞然大物最厉害的是，集铁路、地铁、城铁、公交、自驾、出租车、步行等于一身，且和大型商超、停车楼等有机结合。

与西直门齐名的东直门交通枢纽，整体结构上和西直门大同小异，地下建设规模达到8.2万平方米，也是分层疏导交通。但是这里最大的特点，是保证了60%~70%的换乘客流全部在地下实现换乘，这无疑会大大改善地面交通环境。

正在建设的北京CBD区

○抽象的交通运输

○ 城市隧道钢屋架

域，是北京市开挖深度最深、面积最大、功能最复杂的地下工程项目。未来，CBD 区域的地下将有五层，届时，核心区内的 19 栋高层楼宇将与地下连通，实现 4 条地铁线路和地面交通的换乘。地下交通综合体带来如此大的客流，对于商家来说也是难能可贵的。以交通枢纽为基础，商业、办公、展览、广场等复合空间的入驻，使地下交通体系形成富有生机的综合功能区。

立体交通引领未来趋势

如今的交通枢纽，集齐天上、地面、地下三个维度，上海虹桥综合交通枢纽就是这么一个伟大的存在，也是全国为数不多的超大型轨道交通枢纽。为了防

止人们在换乘的时候迷失方向，虹桥交通枢纽的不同中心有着极高的一致性，其中铁路线路和磁悬浮线路与城市地面标高一致，且均与机场跑道平行，核心建筑区采用东西向一字形布局，各建筑主体中轴线重合且建筑宽度保持一致。整个枢纽会聚了 3 条高铁线路、2 条磁悬浮线路、4 条地铁线路、虹桥机场以及城市道路交通，相信全世界的人们均有机会一睹它的真容，因为换乘到此的概率实在不小。

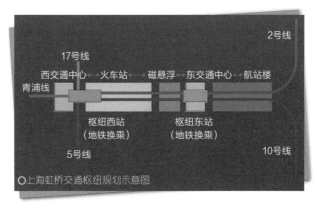

○上海虹桥交通枢纽规划示意图

当代地下综合交通枢纽不仅是城市路网中的重要一环，对于疏解城市路面交通拥堵具有举足轻重的意义，且更有可能成为区域性甚至是全球性的关键节点。因为依托其自身功能，将带来大量的知识、信息、技术、人才等的流动。诚然，目前的地下交通也主要是以地铁轨道交通为主，试想，如果

未来海底交通技术和个人飞行设备技术也渐趋成熟，我们要面对的就不仅仅是一个地下和地面的简单连接，而是一个海陆空紧紧相连的立体交通体系。对于那时的我们来说，"上天入地"再也不是神话，而是像科幻电影《明日世界》中每个人日常都可能做的事，这将是多么令人期待啊！

○水下列车

隐于 "山水" 建筑中的智慧

撰文／陈俊明

　　所谓山水城市，指的是针对东方文化圈的建筑设计指导理论，结合科学技术，关注当下城市发展所带来的种种恶劣问题，思考有关中国未来的城市形态，探索一条有中国文化风格、符合美学追求并具备经过科学组织考验的多功能综合城市建设之路。

科学技术与东方建筑艺术的融合

日本建筑大师隈研吾的作品在这方面的成果就是很好的例子。东方传统建筑的结构以木榫卯结构为主，受限制于木材质地的特性。

○隈研吾设计的东京浅草文化观光中心建筑模型

传统建筑都有寿命短、不耐白蚁啃噬的缺点。为此，在现代，取而代之的往往是简单粗暴的钢筋混凝土，而东方建筑那种潇洒轻盈和克制内敛的特性也随之消失。

在隈研吾的作品中，我们恰恰可以看到一种东方品质的回归。

那种由木材质地带来的传统感十分突出，但其核心却十分结实可靠，加入了简洁的钢结构。钢木结构的搭配不仅美观耐用，还让东方建筑最大限度地保留原有特色，同时不失现代的金属科技感。

◯空中城市概念图（制图/陈俊明）

未来东方城市的想象

天空城市

　　可以预见的是，未来的建筑会逐渐往高处发展，建筑与建筑之间充满连接廊道，底下腾出大片的自然绿地，以形成复合的天空城市，要完成这样的工程需要引入复杂的技术。

　　首先是结构技术，建设复合的城市空间需要先进行骨架的搭设，骨架由结构支撑体系、管道网络和交通网络系统三部分组成。其次，需要在搭好的骨架上进行空间层次的划

○海上城市鸟瞰图（制图/陈俊明）

分，就好比在一个柜子里装入抽屉，它们分别是交通、住宅、绿地、公众场所等。再者是生态技术，包括阳光、绿化和新鲜空气等自然要素，缺一不可。阳光的引入可以通过电脑控制的智能机械系统来补充，将阳光反射到不易射到的地方，适当安装足够的电池来转化和积蓄太阳能；绿化则以预留的"空抽屉"实现，在"空抽屉"的位置上覆土，种植树木、花草以调节小气候；交通工具也不再以小汽车为主，而是以立体公共交通为主，辅之以自行车和步行。

海上城市

长久以来,《山海经》中蓬莱、方丈、瀛洲三座仙山都存在于每个中国人的梦中,它们分别代表着健康、长寿和自由。然而,现实中我们却并没有寻访到这些仙山。随着科技日益成熟发达,我们能否在海上建造这样的仙山呢?通过相关的科学技术,结合独特的建筑语言,模拟自然山脉的肌理和氛围,在广阔的海域或许真能营造这样一处美妙的山海之境。

以笔者的一个竞赛项目为例。项目位置在马来西亚与新加坡的交界,毗邻马来西亚生态湿地,是世界第二大红树林保护区。周边风景优美,空气清新,有便捷的交通到达新加坡以及马来西亚。

我们的理念是希望通过科技手段打造一座山海城市,填海建造出如诗如画般的东方仙境。除了诗意的设计,还需要很多技术性的内容支撑,比如:

绿色建筑处理。首先是建筑遮阳。平衡能耗和海景的价值,需要主动和被动两种遮阳方式综合使用。在需要良好景观却又是东西向的地方,通过建筑形体互相遮挡以形成被动式遮阳。在被动式遮阳做不到的位置,增加可调节百叶窗加以辅助。其次是在建筑高层区域的设备层增加风力发电机组,以提供整栋大楼的应急照明能源。再者,建筑应采用表皮绿化及屋顶绿化,以有效降

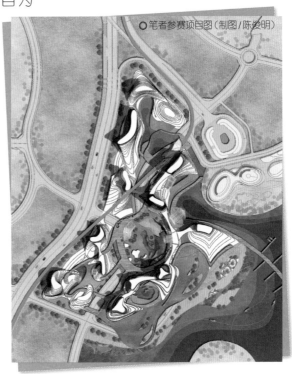

○笔者参赛项目图(制图/陈姿明)

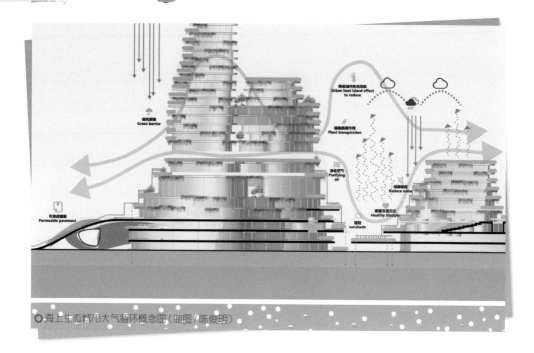

○海上生态城市大气循环概念图（制图／陈俊明）

低室内温度，并减少噪声。

　　岸线的绿色处理。一方面，岸线采用分级设计，充分考虑涨潮退潮以及台风洪涝天气的岸线使用状况，其中最外侧的第一级为红树林保护带以及沙滩，第二级为景观步道和部分人工绿化，第三级与城市道路相连，为城市的外围景观道路。另一方面，岸线延长，在中间设置淡水

过滤以及储蓄设备，通过风力发电以及潮汐发电，充分利用当地的自然资源，以降低城市的淡水使用成本。

　　海水淡化处理。填海项目的淡水资源往往需从内陆调运，

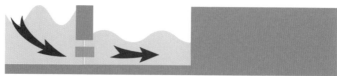

○潮汐发电原理图（制图／陈俊明）

成本过高。因此，项目中岸线的生态保育以及净化处理极为重要，在保留原有的红树林天然过滤带的同时，增加了风力发电、主动式净水技术以及潮汐发电等绿色能源技术，同时在高层塔楼采用退台式绿化处理，使整个城市微气候变得十分宜人，同时做到水资源的循环利用。

立体交通。方案设计采用分层交通设计，将车行流线用立体交通的模式控制在一、二两层，并与周边的停车区域有机结合；第三层为主要设计的城市景观层，通过两个位于地块中间的生态环将整个城市的慢行系统整理起来，并在其中设置自行车使用站点、景观节点、商业休闲区等慢行系统配套设置；第四层则主要与轻轨站组织起来，通过裙楼内的垂直交通以及

轻轨站的垂直交通串通人流。

弹性设计。弹性设计上，我们将红树林的生态保育与人的休闲游览路线进行分级处理，将红树林保护区纳入到休闲景观流线之中。同时根据当地水文状况和气候条件，有条理设置岸线的分级步行系统。

○ 弹性设计（制图 / 陈俊明）

布达拉宫：
西藏建筑的奇迹

撰文／苗若玖

坐落在西藏自治区首府拉萨的玛布日山上的布达拉宫，是无可争议的西藏建筑瑰宝。这个依山而建的庞大建筑群，集宫殿、城堡和寺院于一体，被誉为"雪域高原上的建筑奇迹"，也是拉萨乃至西藏的象征。

紧邻蓝天白云的宫堡

一千三百多年前的白色宫殿

公元 632 年，松赞干布将统治中心迁到逻些，也就是今天的拉萨。松赞干布在玛布日山上建造了总共包含 999 间宫殿的 3 座 9 层楼宇，再加上修行室，形成了拥有 1000 间宫殿的庞大建筑群。

因为松赞干布把观世音菩萨作为自己的本尊佛，所以他以佛经中菩萨的居住地普陀洛的藏语化转写形式布达拉，命名了这座全新的宫殿建筑群，称作布达拉宫。当年的布达拉宫通体粉白，与山体映衬显得圣洁而雄伟，被人们敬称为白色的宫殿。

结哲布）和圣者殿（帕巴拉康）从松赞干布时代一直保存至今。直到 1642 年，五世达赖喇嘛洛桑嘉措取得了政权，并决定将政治中心重新迁到拉萨。1645

重建布达拉宫：白宫与红宫

公元 9 世纪中后期，吐蕃王朝瓦解，拉萨也不再是政治中心。由于战乱和缺乏维护，布达拉宫逐渐破败，只有法王殿（曲

○ 白宫

○ 布达拉宫

年，在松赞干布时代的遗址上，布达拉宫开始了重建工程，并于3年之后竣工。这一部分建筑，便是今天布达拉宫的白宫部分。

○ 红宫

到1682年，五世达赖喇嘛圆寂，其主要弟子、最高政务官员（第巴）桑结嘉措为维护政局稳定，便以五世达赖喇嘛正在闭关为由，隐瞒其死讯达15年之久。在这期间，桑结嘉措继续以五世达赖喇嘛的名义，领导布达拉宫的扩建工程，并在1693年完成了红宫部分，使布达拉宫基本形成了今天我们看到的格局。

○ 红宫的外墙

雪域高原的建筑奇迹

精心设计，科学采光

青藏高原虽说因海拔高而寒冷，但却因空气稀薄而使得日照强烈。在这样的条件下，房屋的光照就成为温暖的关键。

根据高原地区阳光照射的规律，布达拉宫对采光和通风换气进行了出色的设计。

○布达拉宫外墙面下宽上窄

布达拉宫的墙基宽而坚固，墙基下面有四通八达的地垄和通风口，外墙面收分明显（下宽上窄），让设有窗户的楼层能更好地接收阳光；殿内各大厅和寝室的顶部都有天窗，以便于采光和空气流通；即使在今天看来，布达拉宫的建造设计也十分科学。

巧妙的防雷击策略

在防雷击方面，布达拉宫有其独门绝技。位于红宫部分的灵塔金顶，相当于现代的避雷针。金顶用铜、金等导电性能良好的金属制成。在金顶下面，有很多金属吊饰相互连接，既是装饰物，又相当于避雷线。屋檐底下，还有很多铜制管道，既可以将屋顶的积水排到地下，又能通过与金顶相连接将雷电引入地下。

因此，雷电会从金顶传输到铜管，再传输

○ 不惧雷击的布达拉宫

到地面，从而避免了雷电对建筑物的损坏。

超越藏式古建筑的寿限

藏地建筑材料建出高层建筑

在建筑材料选择方面，布达拉宫除了常见的木材和石材，还使用了藏地特有的阿嘎土和白玛草墙。这样的建材选择，除了彰显建筑物的价值，也让布达拉宫拥有了更好的保暖和防雷击性能。

阿嘎土是一种土石相兼的微晶灰岩，亦土亦石。在古代西藏，很多重要的建筑物，会选用山南地区扎囊县出产的高品质阿嘎土作为地面材料。阿嘎土地面工序繁琐，人工成本极高，只有布达拉宫这样的建筑，才敢大规模使用。

边玛草墙与阿嘎土一样属于人工成本高昂的建材。这种

○ 布达拉宫的建造使用了藏地特有的阿嘎土和边玛草墙

○ 使用了阿嘎土的外墙

材料需要经过复杂的加工工序，制作成类似墙的形状，再经过夯实、藏药处理、染色等工序，方能成为真正的墙。

由于边玛草墙比阿嘎土要

轻一些，因此能让布达拉宫成
为当年令人惊叹的高层建筑。
另外，比较厚的轻质墙，也有
利于保暖，并因其绝缘性能而
有助于抵御雷击。

○ 布达拉宫上
的边玛草墙

◎ 藏族民居建筑

漫谈青海藏族民居建筑

撰文／罗桑开珠　安夏毛草

青海藏族民居建筑作为一种社会文化形态，表现着藏族特有的社会生产方式和审美情趣以及他们的文化创造力和智慧，是藏族民居建筑的重要组成部分。

知识链接 青海藏族民居建筑分几类

　　藏族民居建筑，以其地域分布的差异性，大致划分为卫藏民居、康区民居和安多民居三大类。由其生产方式的不同而又划分为牧区建筑和农区建筑。青海藏区从地域分布上讲属于多麦地区，青海民居建筑除玉树州（属于康区）外当属安多民居建筑。青海草原广布，山谷平原较多，自古以来农牧业生产并重，因此，青海藏族的民居建筑当以帐篷和平房为主，少楼房和宫殿建筑，随着现代化的发展，砖瓦房普遍增多。

草原上移动的民居：黑帐篷

黑帐篷是伴随着畜牧业的产生而出现的。牧民们就地取材，用粗长的牛毛和纤细的木头搭建成黑帐篷。用牛毛制作的褐料帐体有坚强稳固的秉性，并具备缩水、吸水的优点。帐篷内部空间的高度一般约为 2 米，顶部留出天窗，用以通风、采光、出烟和透气，雨天可以遮盖。

○ 黑帐篷（摄影 / 安夏毛草）

○ 青海省泽库县的黑帐篷

○藏族同胞的白帐篷（摄影/安夏毛草）

草原上移动的民居：白帐篷

绚丽多彩的白帐篷赋予草原时代的色彩。白帐篷都是临时搭建的，一般供旅行或临时使用，结构简单，呈两面坡人字形，只能容纳2~3人；大的方形帐篷过去往往是供贵族和上层喇嘛使用的，可容纳数十人，制作考究，用各种颜色的布或呢子镶边，且缝有精美的吉祥八宝等图案。

○白帐篷

○刚搭建的黑帐篷（摄影／安夏毛草）

帐篷应该怎么搭

搭建帐篷，除考虑水草因素外，一般选择向阳的山坡或背风干燥的山坳，且前方或左右有河水流淌的地方。传统帐篷门朝东面搭建，牧民忌讳黑对黑相接，因此，帐篷的门帘都是白色的。搭建时，首先铺开帐体将帐体上部四角的粗绳系在木橛上钉入地面，在帐角与木橛之间的毛绳的合适部位缠定支杆，再立起缠好的四角支杆，拉起巨大的帐体。然后，在帐幕正中穿入一根横梁，用两根立柱架起，撑起帐体的顶部。之后，调整四角拉绳的松紧，将四角限定在一个平面上。最后，在保持帐体的丰满和拉力的平衡下，将四周的拉绳拉紧系牢，用木橛将帐篷的下摆固定于地面后，便意味着新的家园已经落成。

阴帐与阳帐：
一个帐篷分两边

　　按照传统，帐内空间一般以中轴线为界限分成对称的两半。其中，左边为男人的住所，称为阳帐，一般铺着牛皮或羊皮等垫子，下角放有马鞍等；右边为女人的活动空间，称为阴帐，这也是妇女们打酥油、制作奶酪或做饭的地方，日常的生活器具和奶

○ 黑帐篷内以灶台为界分为"阳帐"与"阴帐"（摄影／安夏毛草）

制品、食物都放在这边。当家里来客人时，不仅要按性别安置，还要讲究辈分的排序，客人坐上坐，主人们坐下边。帐篷中间设有灶台。

○ 黑帐篷的内部布局（摄影／安夏毛草）

藏族民居建筑的三大特点

民居特色：装饰传达信仰

由于藏族人普遍信仰藏传佛教，所以，室内陈设往往带有很强的宗教元素。藏族民居的室内陈设通常都进行彩绘；客房正墙上一般也会挂有佛或菩萨的唐卡画像，并献有哈达；其他房间的布置比较简便朴素，以实用性为主。

室外装饰从远处望去都是土色庄廓，色彩比较单一。人门上都会挂有五彩经幡，或贴

有护法神像，屋顶立有小型经幡，院子中央或大门外都会立有高达数米的大型经幡。

○ 土木结构房屋的内部（摄影／安夏毛草）

土木结构：给建筑保暖

藏族民居普遍是具有土木结构的平顶式建筑，建造时通常用很厚的夯土墙、土坯墙做围护结构，用木材做承重结构与装饰元素，这样的建造结构使得建筑内部冬暖夏凉，同时具有优质的采光效果。

因青海省属于高原气候，全年昼夜温差大，降雨量少，建筑采用土质平顶结构，能自如地应对外界气候变化，不仅能够防止雨水侵袭，还能隔热保暖。

房屋建造：就地取材

藏族民居的建造材料一般

○ 藏族民居大门装饰

都是就地取材，因材而建。处在山地的地区石材丰富，山区建筑多采用石墙建造；处在河谷平原的地区多土，河谷平地多采用土墙建造。一般情况下，民居外围墙体为夯土墙或石砌墙，内隔墙为砖砌或木板墙，地面为土质或铺木板。随着社会经济的发展，人们在建造房屋时逐渐摆脱了传统的就地取材方式，也出现了大量用砖瓦或钢筋水泥建造的新型民居建筑。

◎ 青海石墙

藏族碉房
——位于世界屋脊的民居

撰文／吴旭阳

西藏位于祖国的西北角，总面积达 120 万平方千米。由于西藏不同区域的气候完全不同，因此其传统民居的形态十分丰富，包括藏北牧区的牛毛帐房、雅鲁藏布江流域林区的木构、中部的石头房子等。其中，最具西藏地域特色、分布最广的要数藏族碉房了。目前，青藏高原的碉房已被正式列入中国申报世界文化遗产的预备名录。

○ 十三角碉楼

"碉房"名字从何而来

　　藏族碉楼最早修建于吐蕃时期，最初的作用是防御，一般沿地方政府控制线呈线状分布。相邻碉楼间隔百米到千米不等，形似烽火台，既可以传递信息，也可以作为防御塔，因此藏族碉楼的墙多以石头和土堆砌而成。从远处看，它就像是一座防守森严的碉堡，厚重安全，因此获得了"碉房"的美名。

藏族碉房的结构特点

汉族的房屋多建于平地，而西藏多山，因此，碉房所展现出的形制也和普通的四合院完全不同。藏族碉房多随山势而建，其外形呈阶梯形，一般 2 ～ 4 层。

汉族民居多以院落形式组合成不同功能的房间，而藏族民居则更倾向于在最小的面积中去设置所有的功能，将厅堂、厨房、卧室、厕所、畜圈、仓房等不同功能的房间安排在一栋建筑之内。其中，底层供畜牧和储备草料所用；二层为居住层，有卧室和厨房，以及小的储物室或楼梯间；三层或四层多为经堂，并与藏族同胞晾晒谷物的晒台相连，这一点可以说是藏族碉楼最独特的地方。

○ 碉房的窗户及晒台

○ 美丽的藏族碉房

○ 分散在山峦河谷之中的碉房

碉房的两种式样：碉楼式和碉塔式

碉房的主体形式可以细分为碉楼式和碉塔式两种。碉楼式为藏地最常见的形式，四周高墙封闭，有的顶层为凹形平面，以便采光和户外活动。

此外，碉房还可按照主体之外是否有院落，分为独立式和院式。独立式碉房分散于山峦河谷之中，其建造随地形而异，居住集中区的碉房高低错落，小径石阶通达各个碉房之间；院式碉房则是在碉房主体之外，三面砌筑院墙，形成封闭的院落，并在院落中布置牲畜棚和储藏间。院式碉房多为贵族头领的居所，虽然从外面看比较封闭，但其内部却是别有洞天。那曲碉房的中间通常会设一个小天井，阳光洒在院子当中，可以将每间屋子照得透亮。

高层碉楼是藏族碉房中体量最高大、最古老的一种形制，高 10 ～ 40 米，运用了独特的砌筑技术。为了防寒，建筑布局多为向阳，北朝向不开窗户；

◎ 随地形而建的碉房

○碉房窗口

碉房装饰有讲究

碉房主体基本采用材料的本色，泥土是黄色，石块是青

○布达拉宫

为了防风，碉楼四周增设女儿墙，屋顶采用平屋顶。但由于窗洞较小，墙体厚重，高层碉楼在采光和通风方面存在劣势，因此藏族同胞设计了院落、天井、梯井、室内天窗、高侧窗、顶窗等弥补。举世闻名的布达拉宫就是这种碉楼技术进一步发展的产物。

色或米色（或被刷成白色），木料则会被涂成暗红色。房屋墙壁上绘以日、月、星辰、花朵等图案，狭长窗户有黑色窗套，檐上悬挂红、蓝、白三色的条形布幔，女儿墙用黑色线脚做装饰，这些色彩明丽的装饰使一幢幢碉楼在青山与蓝天白云的映衬下，显得古朴宁静、严肃庄重。

碉楼博物馆——古碉楼群

最著名的碉房要数丹巴的古碉楼群了。崇山峻岭之中，一幢幢碉楼延绵起伏、蔚为壮观，堪称碉楼博物馆，丹巴县也因此有了"千碉之乡"的美誉。丹巴碉楼为世代生活在这里的嘉绒藏人所建，多为高碉。有趣的是，每一幢丹巴碉楼均有自己的性别。女性碉楼的木梁露在外面，经过长时间的风霜侵蚀，木料会发黑，因此楼身上通常有一道道黑色印记；而男性碉楼的木梁在内部，因此没有痕迹。

碉楼是中国古代极为珍贵的建筑文化艺术遗存，是世界最

○ 千碉之国——丹巴

杰出的建筑之一。在丹巴县，当地居民十分注重对碉楼的修葺和维护。虽然现在很多藏寨家庭都安装了卫星电视、太阳能热水器等，但现代文明并未对丹巴的传统建筑风格造成较大影响。那些千年古碉，依旧静静地矗立在山川河谷之间，向南来北往的人们讲述着过去的故事。

○ 碉楼是中国古代极为珍贵的建筑文化艺术

独具匠心的空间游戏
——建筑与环境、材料和心理学

撰文／马洁芳

当旅行类真人秀节目成为荧屏新宠，节目中的建筑景点也随之成为许多人说走就走的目的地。或许你也想要来一场全方位体验各地建筑风情的建筑之旅，但怎样才能更好地理解、欣赏建筑？建筑师是如何科学地玩出独具匠心的空间游戏？出发前，我们一起做做"功课"吧。

○香榭丽舍大道

○凯旋门

融入环境的建筑：
新凯旋门

　　1958 年，时任法国总统的戴高乐建议在巴黎西郊的荒地上建造新城，而新城中拔地而起的写字楼是彻头彻尾的现代建筑，横卧在中轴线的尽头，斩断了城市的文脉。为了解决这个矛盾，

○ 新凯旋门位于巴黎中轴线末端

自 20 世纪 60 年代开始，建筑师们提出了各种各样的方案。直到 1983 年，丹麦设计师奥都斯普莱克森的方案才脱颖而出。

历时 6 年建成的新建筑是一座巨大的立方体拱门，被称为新凯旋门，边长 110 米，重达 30 万吨。由于采取了中空的门洞造型，它没有阻挡原有的城市中轴线，而是以敞开的姿态，巧妙地让轴线从自己的体内穿过，从古老的中心城区延伸至新的商业区，承前启后，象征着城市未来崭新的生命力。

除了匠心独运的造型，这座新凯旋门的建造在技术上也是一大挑战。12 根深入地下 30 米的巨柱托起了整个建筑，每根巨柱的承重相当于 4 座埃菲尔铁塔；地上部分则由 4 根后张预应力钢筋混凝土巨型框架支撑，为了在百余米的高空中架设大跨度的拱顶，框架的顶部和底部都建造了 3 层楼高的水平构件。

半个世纪后的今天，昔日的荒地已经成为高楼林立的拉德芳斯新区，这里被称为欧洲最完善的中心商务区。建筑师巧妙地化解了特殊的城市环境带来的矛盾，如今的新凯旋门，已是巴黎不可或缺的新地标。

○ 巴黎新地标——新凯旋门
（摄影／崔昊夫）

○ 巴黎近郊拉德芳斯商务区的新凯旋门

建筑材料的创新：纸房子

行走在建筑之中，不同的结构和材料会带来迥异的空间感受。譬如木材往往让人觉得亲切、温暖，仿佛置身于家乡的森林之中；钢结构看似轻盈，又充满力量，可以支撑起跨度很大的宽阔空间；混凝土常让人觉得冰冷枯燥，但经过建筑师的精心设计，也可以呈现精致、生动的质感。

除了常见的建材以外，有的建筑师还致力于尝试使用非常规的材料。坂茂是一名日本建筑师，他用纸做建筑材料，建造了一座纸房子，其秘密就

在对纸的特殊加工中，高密度的牛皮纸做成纸芯，进行严格的测试以确保其强度，再经过防火、防水、防潮等特殊工序的"洗礼"，足以代替坚硬的钢筋混凝土梁柱，而且比普通的混凝土结构更加抗震。

　　纸房子内部的家具也由纸材制成。横放的直筒成为长凳，

○ 坂茂建造的纸房子（摄影 / 马洁芳）

具有木材般的色泽和质感，但造价更低、更环保，避免了砍伐树木对森林的损害，并且容易回收、拆卸、储藏与运输。这些特点使得坂茂的作品被广泛应用在灾后重建中，作为供灾民临时居住、抵御余震的庇护所。即使受到烈日暴晒和风吹雨打的侵袭，这些纸房子仍然出色地完成了使命。当人们不再需要它们的时候，它们就

○ 钢结构的大桥

○ 纸房子内部构造（摄影/马洁芳）

被分解拆卸，运回日本，做成再生纸制品。

建筑的心理关怀：路思义教堂

我国台湾省台中市东海大学内部的草坪上，坐落着一幢造型奇特的建筑，远远望去，虽然体量小巧，但极具吸引力，给人丰富的遐想空间。有人说它像一双祷告的手，有人觉得它是一本倒扣的书；通体金黄的琉璃面砖，又让人想起中国传统建筑的屋顶。若不是顶部纤细的十字架彰示其功能，人们很难猜到它的实际用途。

○ 路思义教堂给人丰富的遐想空间

它就是建筑师贝聿铭、陈其宽、张肇康共同设计的路思义教堂。路思义教堂如同从地面上生长而成，它的高度和墙面弧度经过精心计算，形成近似等腰三角形的形状，带来稳重、安定的感觉。柔和的墙面曲线与菱形的面砖纹理，引导人的视线望向天空。前后两面采用颜色较深的吸热玻璃，配合黑色的窗棂，与墙面对比，虚实结合，将参观者自然地迎入教堂内部。

进入教堂后，呈现在眼前的是一个较宽的水平空间，走过顺序排列的木质长椅，一道狭长的三角形光幕照亮了尽头的布道讲坛，带给参观者次第展开、逐渐升华的渐进感受。在教堂内礼拜时，天光洒落在至圣所中央的金黄色十字架上，神圣而庄严。屋脊处的"一线天"设计，营造出向上凝聚的空间，让人的心灵随视觉的引导而收拢，带来时间静止的神秘感，进入内在的精神世界。

○从侧面看，路思义教堂更像是一本倒扣的书

图书在版编目（CIP）数据

奇妙艺术与科学. 建筑 / 《知识就是力量》杂志社
编. — 北京：科学普及出版社，2017.6
ISBN 978-7-110-09561-4

Ⅰ. ①奇… Ⅱ. ①知… Ⅲ. ①科学知识－青少年读物
②建筑－青少年读物 Ⅳ. ①Z228.2②TU-49

中国版本图书馆CIP数据核字(2017)第135689号

总　策　划	《知识就是力量》杂志社
策　划　人	郭　晶
责任编辑	李银慧
文字编辑	房　宁
美术编辑	胡美岩
封面设计	胡美岩
版式设计	胡美岩
责任校对	杨京华
责任印制	徐　飞

出　　　版	科学普及出版社
发　　　行	中国科学技术出版社发行部
地　　　址	北京市海淀区中关村南大街16号
邮　　　编	100081
发行电话	010-62173865
传　　　真	010-62173081
网　　　址	http://www.cspbooks.com.cn

开　　　本	720mm×1000mm　1/16
字　　　数	196千字
印　　　张	9.5
版　　　次	2017年7月第1版
印　　　次	2017年7月第1次印刷
印　　　刷	北京盛通印刷股份有限公司
书　　　号	978-7-110-09561-4 / Z·226
定　　　价	39.80元

（凡购买本社图书，如有缺页、倒页、脱页者，本社发行部负责调换）

本书参编人员：李银慧、齐敏、朱文超、房宁、王金路、江琴、纪阿黎、刘妮娜